Se trouve aussi :

Chez Félix Locquin, Imprimeur;

Papinot, Libraire, rue de Sorbonne, en face l'Académie.

PARIS, IMPRIMERIE DE DEZAUCHE,
Rue du faubourg Montmartre, n° 4.

L'ART D'ÉLEVER
DES LAPINS
ET DE S'EN FAIRE
3,000 FRANCS
DE REVENU.

Le premier capitaliste, comme le plus petit ouvrier, peut l'entreprendre, l'exécuter et réussir ; le plus pauvre ne peut dépasser trois ans pour jouir du revenu de 3 mille francs.

Riez bien, caustiques, après lisez-moi, vous jugerez et approuverez peut-être.

PAR. J. C. M.

SUIVI

DU MANUEL

DE LA FILLE DE BASSE-COUR.

PARIS.

CHEZ L'ÉDITEUR, RUE SAINTE-AVOYE, 55.

1835.

L'auteur de cet ouvrage propose aux amateurs de se charger de l'exécution de cette entreprise, tel qu'il la démontre, n'importe l'endroit, moyennant la somme de deux mille francs par an, et le logement, payable par mois et d'avance; la moitié de ladite somme ne lui sera remboursée qu'à la fin de la troisième année, temps voulu pour la réuisite de ce qu'il avance; les frais de voyage lui seront payés en sus.

Ecrire franc de port, et n'attendre de réponse qu'après huit jours, vu qu'il habite la campagne.

Imp. Chassaignon, rue Gît-le-Cœur, n. 7.

L'ART

D'ÉLEVER LES LAPINS.

Depuis plusieurs années, l'auteur a conçu le projet d'élever des lapins ; d'après le calcul fait sur leur rapport, il a trouvé de grands avantages, ce qui l'a engagé, par plusieurs reprises, pour son plaisir, de faire l'expérience par lui-même, de ce que l'on peut gagner à élever des lapins dans Paris et autres grandes villes.

Il va faire connaître les avantages que cela peut produire, et les frais à faire pour parvenir à se faire un revenu de 3 mille francs par an, l'établissement une fois formé et complet au nombre de 400 nourrices.

Il est facile de démontrer que cette entreprise peut se faire par tout le monde, même par la classe peu aisée, puisque les frais peuvent être faits par petites parties et assurer un bénéfice à fur et à mesure que le nombre augmente.

DÉTAIL, ARTICLE PAR ARTICLE.

Pour commencer en petit, faire l'achat de 5 fondateurs, c'est-à-dire, 4 femelles et un mâle de race ordinaire, dite de ferme, ne voulant pas de luxe, mais de rapport, attendu que les lapins de ferme portent jusqu'à 14 petits par portée, et que ceux d'espèces sont beaux, mais en petit nombre.

L'ouvrier même pourra s'assurer une augmentation à ses moyens d'existence, s'il a de la patience et de l'économie. Il peut acheter une bête par semaine, et au bout de trois ans jouir de son revenu net sans embarras, vu que, pour ces soins, il y a des employés compris dans les dépenses, et qu'après les cinq premiers mois, ces mâles peuvent être vendus de suite, puisqu'ils ne servent à rien, vu qu'il n'en faut que cinquante au plus pour tout l'établissement.

La recette de ces mêmes mâles peut servir à payer en partie les frais de la nourriture ou des cabanes au fur et à mesure qu'elles se font.

Pour faire les cabanes d'après le modèle, il faut, que le double-fond puisse se lever à volonté; que la porte soit à coulisse comme les cages d'oiseaux : que les rateliers puissent se détacher aussi à volonté; que ces cases portent la pente par derrière et que les gouttières puissent recevoir les urines facilement pour couler dans les seaux; que ces seaux soient vidés deux fois par jour; que le corps de la case porte onze pieds de long et deux pieds de large; hauteur : 23 pouces sur le devant et 20 pouces sur le derrière, divisés en 5 cabanes, les rateliers appuyés sur le grillage de devant et longés sur le côté; les portes de douze pouces de long sur huit de large, et à quatre pouces de hauteur du fond, toutes du même côté : suivre le modèle.

Nota. Pour éviter toute contestation avec l'autorité et les propriétaires, tout est prévu; en suivant le modèle, on est garanti de la destruction et de la mauvaise odeur.

Double fonds

Portes

Rateliers

La gouttière doit être attachée à chaque case pour que les eaux puissent couler dans un seau placé à cet effet, pour éviter tout accident infecte, car le lapin ne pue que par ses urines. On peut mettre les cases l'une sur l'autre jusqu'au nombre de cinq et même plus, selon l'emplacement proportionné et bien exposé, afin d'éviter le trop grand froid et la grande chaleur ; ce qui est très-contraire.

Le tout doit être bien rangé par rang, afin qu'il y puisse tenir facilement de vingt à trente cases, contenant 100 mères ou nourrices; ce qui fait que l'établissement au complet peut être évalué au nombre de 400 mères et de 50 mâles, formant 90 cases pour les travailleurs. Lesdites cabanes, estimées 25 à 30 francs chaque, font une somme de 3,750 francs que l'on peut prendre peu à peu, puisque celui qui ne veut commencer qu'en petit n'a besoin de cabanes que suivant la quantité qu'il a de nourrices ; quant aux élèves, il faut les mettre ensemble de mois en mois, c'est-à-dire, qu'il faut 6 cabanes; la premièrè, pour mettre les élèves de un à deux mois; la deuxième de deux à trois; la troisième, de trois à quatre pour les mâles seulement, la quatrième de trois à quatre pour les femelles seulement ; la cinquième, de quatre à cinq pour les mâles seulement ; la sixième, de quatre à cinq pour les femelles seulement.

Le cinquième mois ils doivent être vendus de suite, et surtout choisir pour le travail les femelles les plus fortes et celles à poil gris et ordinaire, qu'elles n'aient pas la bouteille, dit le gros ventre, et que leurs crottes soient bien dures ; ce qui annonce leur santé.

Pour la salubrité, il faut bien observer de régler leur nourriture, leurs couches, et les arranger de manière que les urines ne coulent pas sur leur manger, car c'est un poison.

Leur nourriture se compose, en été, d'herbes vertes, c'est-à-dire, de regains, luzerne, trèfle, chicorée, pimpernelle, persil, choux, carottes, panais, pommes de terre. Les habituer principalement à la pomme de terre, vu qu'il en existe en tout temps. Le son ne doit être donné qu'à la jeunesse, c'est-à-dire, aux mères nourrices et aux élèves de deux à quatre mois ; donner de l'avoine dans les cabanes de quatre à cinq mois aux mères et chez les nourrices desquelles les élèves ne mangent pas encore, pas aux autres, attendu que le grain leur pique les foies et que cela les empêche de profiter.

Leur coucher doit être de la paille rompue; on doit la retourner au bout de quatre jours et la renouveler tous les huit jours, afin que l'urine ne les salisse pas; les nourrices ne doivent être changées de paille que lorsque la portée qu'elles allaitent voit clair, vu que le poil que la nourrice met elle-même serait perdu et ses élèves auraient trop froid.

Il ne faut pas toucher aux petits, à moins qu'on ne s'aperçoive qu'il y en a d'étouffés; de même si une mère mange ses petits, ou les étouffe, il faut marquer la cabane pour qu'à la seconde portée, si le même défaut existe, elle soit vendue de suite et remplacée par une autre tirée du choix.

ORSERVATIONS.

Il faut que les nourrices soient toujours de l'âge de cinq mois à deux ans au plus, pour que tous les quarante-cinq jours elles puissent produire une portée; elles donnent depuis le nombre cinq jusqu'à quatorze, nombre ordinaire en tout temps; on peut évaluer même avec certitude le nombre de portées à sept par an l'une dans l'autre, ce qui fait, en supposant que la nourrice n'est pas prise au mâle; doit produire dans l'année, en total, quarante-deux élèves vivans et devant être vendus à cinq mois d'âge, à raison de 1 franc 50 centimes pièce, font 63 francs. Pour 400 nourrices, à raison de quarante-deux élèves chaque, fait une recette totale de 25,200 f.

Afin de donner une preuve du revenu de 5,000 francs et des moyens pour se les procurer, nous avons placé ci-après un aperçu des dépenses tant pour le logement que pour l'achat des fondateurs, les cabanes, les journées des employés, la nourriture, les couches, les non-valeurs, la mortalité, frais de transport et de vente, négligence et faux frais, etc., etc.

DÉPENSES PAR AN.

Logement	200
Fondateurs	17 50
Cabanes, 100 à 25 à 50 francs.	5,500
Seaux, 8 à 3 francs..............	24
Deux gardes, à 300 fr. par an.	600
Deux porteurs d'herbes..........	1200
Deux vendeurs....................	1,500
Une voiture........................	300
Une écurie..........................	100
Nourriture du cheval et coucher.	600

Paille	150
Impôts de voiture, cheval et maison	200
Mortalité	1.200
Total des dépenses..	8,801 50

DÉPENSES PAR JOUR.

Résumé par jour	17 50
Lits pour les 110 cabanes, 30 bottes de paille de bled, à raison de 30 francs le cent, les 30 bottes pour huit jours, par jour	1 50
La nourriture des nourrices et petits, faite à raison d'un vingtième de boisseau pour chaque cabane, font 22 boisseaux à 40 c.	8 80
Avoine, mêmes frais par jour	8 80
Vu que les nourrices desquelles les élèves commencent à manger en sont privées;	
Pommes de terre, un sac	4
Carottes ou foin	4
Luzerne	2
Autres herbes	8
Frais inattendus	5

Par an : Total, 21,024 francs.

L'établissement au complet doit être composé de 400 nourrices, toutes en travail, et de 50 mâles, et après 5 mois d'activité, le produit donne une recette de 69 francs par jour, ce qui fait 25,200 francs.

TABLEAU COMPARATIF.

Nomb.	Portées.	Rappor.	Fr. p. 50 j.		Rec.
4	1	24	14	50	0
4	2	24	25	44	0
16	3	96	63	02	18
28	4	168	130	92	18
76	5	456	259	20	72
124	6	744	424	98	126
800	7	1248	635	04	342
240	8	2400	1113	84	558
400	9	2400	1113	84	936
400	10	2400	1113	84	3600
400	11	2400	1113	84	3600

Totaux de la dépeuse 6,008 fr. 46 c.
— Et de la recette 9,270 fr.

Ce qui prouve bien que 450 ouvriers gardés à leurs travaux pendant 750 jours avec leurs élèves, au nombre de 4,800, ayant coûté, pour 5,250 qu'ils se trouvent être à cette époque, 2,435 fr. 40 c., dont la vente produit 5,600 fr.

MANUEL

DE LA FILLE

DE BASSE-COUR.

DES PIGEONS.

On distingue deux sortes de pigeons communs, les fuyards et les domestiques.

Les pigeons domestiques ne quittent presque pas la maison; les fuyards vont chercher leur vie aux champs.

On appelle pigeons cauchois, de gros pigeons du pays de Caux, où ces pigeons sont plus gros que les autres. Il n'y a que deux saisons pour peupler le colombier: la première et la meilleure, est le mois de mai, parce que ces premiers pigeons se fortifient beaucoup durant l'été; la seconde est au mois d'août, parce que les pères et mères peuvent alors bien les nourrir.

Le nombre des pigeons pour garnir un colombier, doit être proportionné à sa grandeur : quarante ou cinquante paires de pigeons bien choisis et bien nourris, suffisent pour peupler promptement le colombier ; mais il ne faut pas en tirer de pigeonneaux avant qu'il soit bien garni.

Lorsqu'on veut lâcher, pour la première fois, les pigeons, il faut choisir un jour obscur et pluvieux, et ne leur ouvrir le colombier que sur les quatre heures après midi, afin qu'ils ne s'éloignent pas trop, et qu'ils rentrent dans le colombier. Il est encore mieux de ne leur donner la liberté que lorsqu'ils couvent, ou qu'ils ont des petits.

Pour bien garnir un colombier, on ne doit y prendre aucuns pigeonneaux la première année, ni aucun de la volée du mois de juillet de l'année suivante. Après ce temps on en peut prendre autant qu'on le juge à propos.

Il y a des personnes qui emploient différens moyens pour empêcher les pigeons de quitter leur colombier et pour en attirer d'autres ; mais le meilleur moyen est de les bien nourrir, de les tenir proprement, et de ne leur point laisser manquer d'eau propre.

Il ne faut pas donner à manger à la maison aux pigeons fuyards, lorsqu'ils trouvent leur vie dans la campagne; mais il faut aussi avoir très-grand soin de les nourrir, lorsqu'ils n'y trouvent plus rien. Ainsi on doit leur donner à manger depuis la mi-novembre jusqu'à la fin de février, qui est le temps qu'on sème les menus grains, et leur donner de nouveau de la nourriture, depuis le commencement d'avril jusqu'à la mi-juin.

On les nourrit ordinairement de sarrasin, de vesce et de toutes sortes de grains, même de criblures; ainsi il faut faire une provision de grains suffisante pour le nombre de pigeons qu'on a. Ils aiment beaucoup l'ivraie et le chenevis.

Il faut donner à manger aux pigeons, près du colombier, dans un endroit uni et tenu proprement; on les y fait venir en les sifflant, pendant qu'on leur jette la nourriture.

C'est le matin et le soir qu'on leur donne à manger, et jamais à midi, parce qu'ils dorment à cette heure. Il ne faut pas que ce soit toujours à la même heure qu'on leur donne à manger, soit le soir, soit le matin, parce que cela attirerait sûrement les pigeons voisins, qui viendraient dérober leur nourriture. Ainsi on doit la leur donner tantôt plus tôt, tantôt plus tard.

Pour nettoyer le Colombier.

Comme il n'y a guère d'animaux qui veuillent être tenus plus proprement que les pigeons, il ne faut jamais manquer de nettoyer à fond le colombier quatre fois l'année : la première fois, au commencement de l'hiver; la seconde, après l'hiver et avant que les pigeons commencent leur ponte; la troisième fois, après la première volée; et la quatrième, après la seconde volée : car ils ne faut jamais troubler les pigeons fuyards quand il couvent.

Il faut avoir attention de remuer et d'enlever leur fumier le plus doucement qu'il est possible, de peur que la poussière ne vole, en trop grande abondance, sur les œufs qui peuvent être alors dans leurs nids, et ne les fasse gâter. Il faut même, quand on nettoie le colombier, se presser, pour que les œufs, qui peuvent être à la couvée, ne se refroidissent point.

Il ne faut jamais manquer d'ôter toute la saleté qu'il y a dans les nids, toutes les fois que l'on prend les pigeonnaux qui y sont, et de jeter dehors tous les pigeons morts, parce qu'ils donnent une mauvaise odeur au colombier.

Pour préserver les pigeons des maladies, il est bon d'y brûler tantôt de l'encens, du benjoin ou du storax, du thym, de la lavande, du romarin, et quelquefois du bois de genièvre; le tout en prenant garde de mettre le feu et de ne point épouvanter les pigeons.

Des Pigeons de Volières.

Il y en a de plusieurs espèces; ils ne diffèrent en rien des autres, quant à la nourriture; mais ils sont beaucoup plus gros et plus féconds, et font des petits presque tous les mois de l'année, même en hiver, quand ils sont bien nourris.

Les Mondains sont de gros pigeons blancs, ou noirs et blancs, ou presque tout gris mêlé de blanc; ce sont ceux qui

rapportent le plus. Il faut en choisir qui aient l'œil éveillé, plein de feu, et la démarche fière. A l'égard des mâles, on doit les prendre beaux et bien faits : il faut qu'ils aient le vol raide ; ce qu'on éprouve en leur étendant les ailes, et en les agitant.

On doit mettre le même nombre de mâles et de femelles dans une volière, pour la peupler : elle doit être, autant qu'il est possible, carrée ; il doit y avoir des nids de la même dimension, larges d'un pied, ou des paniers d'osier.

Il faut mettre dans la volière de la paille, pour qu'ils fassent en même temps leurs nids ; il faut que la volière ait ses jours du côté du Levant et du Midi, et qu'elle soit claire. On doit faire accoupler à part les pigeons qu'on y veut mettre, en tenant un mâle et une femelle dans un petit endroit pendant quinze jours, et en les nourrissant avec de l'avoine, de la vesce, du sarrasin, de l'orge, et souvent un peu de chenevis. Les pigeons ne font jamais que deux œufs.

On doit leur donner la mangeaille dans une trémie, d'où le grain tombe peu à peu à mesure que les pigeons le mangent.

En quarante jours la femelle conçoit,

pond, couve et nourrit ses petits. Les jeunes pigeons pondent à six mois, et donnent des œufs quatre ou cinq fois l'année.

Les pigeons de volière pondent presque tous les mois; mais il faut leur donner de temps en temps un peu de chenevis.

Il faut nettoyer souvent la volière et les nids, pour empêcher qu'il ne s'y engendre de la vermine, et changer souvent l'eau, la mettre dans de grands baquets, dont les bords soient élevés de quatre doigts, afin que les pigeons puissent s'y baigner.

Les pigeons ne pondent plus après quatre ans; il faut alors s'en défaire; et pour les reconnaître, il faut, à chaque année, leur couper la moitié d'une des griffes.

Il faut se défaire des pigeons qui battent les autres.

Pour bien peupler une volière, il ne faut point toucher à la volée du mois de mars, afin d'en multiplier l'espèce; si cette couvée n'est pas suffisante, il faut encore conserver les pigeons qui viennent après.

Quinze paires de pigeons, avec environ le double de pigeonneaux, doivent consommer, par année, cinq setiers ou soixante boisseaux de grain, mesure de Paris. Ainsi, un setier de vesce suffit pour trois paires de pigeons.

DES POULES.

Soin des Poules.

Il faut faire ensorte que le poulailler soit à l'abri du grand froid et du grand chaud; les ouvertures doivent être tournées à l'Orient. Il faut faire blanchir le poulailler en dehors et en dedans, et faire ensorte que les fouines et autres animaux, qui nuisent aux poules, ne puissent y entrer. Les ouvertures doivent être garnies d'un treillis de fil de fer assez large pour donner du jour, et assez étroites pour que les bêtes ennemies n'y entrent pas.

Il doit y avoir des paniers attachés à la muraille, avec du foin dedans, et où les poules puissent pondre.

Le poulailler doit être nettoyé au moins tous les quinze jours à fond, ainsi que les perches et la petite échelle qui monte au poulailler.

Il faut aussi avoir l'attention de parfumer le poulailler, en y brûlant de l'encens, du benjoin, et autres choses odoriférantes, et donner de l'air au poulailler, lorsque les poules en sont sorties.

Il faut préférer, pour les nids, le foin à la paille, parce qu'il est plus mou, et qu'il n'engendre pas tant de vermine : il faut changer ce foin tous les quinze jours, et examiner avec attention s'il n'y a pas de poux ou autres vermines dans les paniers Pour les détruire, il faut faire bouillir de l'eau avec du tabac et du staphysaigre *; on trempe, dans cette eau bouillante, une éponge, avec laquelle on lave exactement les nids.

L'eau pour boire des poules, doit être toujours claire et nette.

Choix des Coqs.

Un bon coq doit être de taille moyenne, mais cependant plus grande que petite; le plumage noir, ou d'un rouge obscur; les pieds gros, garnis d'ongles forts, et

* Herbe aux poux, dont la feuille ressemble à celle de la ville sauvage.

les ergots longs et pointus; les cuisses longues, grosses, fournies de plumes; la poitrine large; le col long, garni de plumes de diverses couleurs : il faut que son bec soit fort et crochu, ses yeux pleins de feu et étincelans, sa crête et ses barbes grandes et d'un beau rouge vif; la queue à deux rangs recourbée, relevée au-dessus de la tête. Le coq doit être libre dans ses mouvemens, et surtout bien emplumé; qu'il chante souvent, et qu'il gratte bien la terre pour avoir des vers et autre chose pour ses poules; enfin, qu'il soit vif, alerte et pétulant, et ardent à caresser les poules. Si quelques-unes de ces qualités lui manquent, il n'est pas bon, et il faut le réformer de la basse-cour.

Les meilleurs coqs sont de couleur rouge ou bleue; mais les rouges sont encore préférables, quand on veut faire une bonne race.

Un coq bien choisi peut suffire à douze poules; mais il vaut mieux ne lui en donner que neuf, et toujours avoir l'attention de proportionner la grandeur des coqs à celle des poules : cela est très-essentiel. Parmi les jeunes coqs, il faut toujours conserver ceux qui sont les vainqueurs des autres, lorsqu'ils commencent à se battre.

Choix des Poules.

Dans le choix des poules, il faut à peu près s'en tenir aux mêmes marques que celles du coq, excepté cependant qu'elles doivent avoir les yeux tendres, la tête grande, la crête rouge, les jambes et les pieds jaunes, les griffes courtes et fortes; mais il vaut mieux qu'elles n'aient pas de griffes de derrière, parce que c'est avec celles-là qu'elles cassent souvent les œufs lorsqu'elles couvent; celles qui ont les ergots hauts montés, pondent moins; celles qui sont trop grasses pondent peu.

Pour faire le fondement d'une bonne basse-cour, il faut observer de ne pas mêler les races des poules, et faire ensorte que ce qui vient dans la cour descende des premières races que l'on a choisies.

La grande espèce du pays de Caux doit être préférée, lorsqu'on est voisin des grandes villes, à cause de la grande consommation qu'on en fait; mais comme les œufs sont extrêmement gros, elles ne pondent pas aussi long-temps, et ne vivent pas tant que les poules de la race commune : celles de cette espèce, dont on fait le plus de cas, sont de moyenne grandeur et noires ; elles ont la chair plus délicate, et pondent davantage.

En général, l'on doit exclure de la Basse-cour en rapport, les poules de curiosité, telles que celles à plumage frisé, parce qu'elles sont trop affectées ou de la chaleur ou du froid ; et les poules à pattes emplumées, parce qu'elles sont toujours chargées de boue dans les temps humides, et par conséquent refroidies, et qu'elles ne pondent guère que dans l'été ; elles sont d'ailleurs sujettes à la vermine, par la malpropreté qu'elles amassent aux plumes de leurs pattes.

Il faut se défaire promptement des poules qui chantent souvent, ainsi que des coqs muets. En général, si l'on préfère de beaux poulets pour manger, on choisit les poules blanches, qui ont aussi le bec et les pattes blancs ; mais ces poules ne sont pas bonnes pondeuses : si l'on donne la préférence aux œufs, il faut alors choisir des coqs rouges et des poules bariolées.

De la Nourriture des Poules.

La nourriture qui convient à la volaille, ce sont toutes les criblures et les vanneries de grains, entremêlées de quelques herbes hachées, ou de quelques fruits, selon la saison, et du son bouilli. On peut leur donner de l'avoine pure, lorsqu'on veut qu'elles pondent, de même de l'orge moulu, de la vesce, du millet, du panis *, du blé-sarrasin, du chenevis; l'on prétend que l'orge à demi-cuit leur fait pondre de gros œufs.

On donne quatre à six onces de grain par jour aux poules qui sortent, et huit onces à celles qu'on tient enfermées : les lupins, qui sont des pois plats et amers, ne leur valent rien.

En général, il faut avoir soin de donner aux poules, alternativement, une nourriture échauffante et une nourriture rafraîchissante; il faut user du chenevis avec précaution, pour ne pas trop échauffer les poules, mais pour les échauffer suffisamment.

Tandis que le coq gratte autour de la

* Le panis est un grain assez semblable au millet.

poule, elle continue toujours à gratter et à becqueter la terre; alors elle est dans l'état tempéré que l'on peut désirer pour la propagation; si, au contraire, elle va d'elle-même s'accroupir auprès du coq, il faut la rafraîchir, parce qu'elle est trop ardente; si elle fuit le coq, alors il faut l'échauffer en lui donnant du chenevis.

Si l'on s'aperçoit qu'une poule tourne à la graisse, il faut retrancher le sarrasin, qui nuirait à la ponte, et il faut se servir du chenevis; mais si l'on voit que par un trop long usage du chenevis, elle devienne maigre, il faut alors lui rendre du sarrasin : par ce moyen elle deviendra féconde et se remettra en chair.

On peut aussi, en place de chenevis, donner de l'avoine aux poules que l'usage du sarrasin a engraissées : l'avoine les anime à la ponte.

On peut encore bien nourrir les poules et les rendre propres à la ponte, en conservant une partie des eaux des lavures de la cuisine, les croûtes et les miettes de pain. On rassemblera tous les restes des herbages et des légumes qu'on emploie à la cuisine; on met toutes ces différentes substances dans un chaudron, que l'on remplit, ou à peu près, de lavure des assiettes; on fait bouillir le tout jusqu'à une certaine consistance avec du son, tantôt d'orge, tantôt de seigle, tantôt de froment. On leur donne cette nourriture entre six et sept heures du matin en été, et en hiver entre huit et neuf heures. On les laisse ainsi jusqu'à onze heures ou midi en hiver, et neuf à dix heures en été. On les appelle alors pour leur donner du grain qu'on leur jette à terre, environ une petite poignée pour chacune : on leur laisse ensuite chercher leur nourriture le reste de la journée.

Dans le temps de la moisson, on supprime le grain, parce que les poules trouvent assez de quoi se nourrir aux champs.

Les poules aiment beaucoup les mûres; ainsi, il est bon de planter des mûriers blancs ou noirs, n'importe.

Il y a une ronce qui porte des mûres noires, que la volaille aime beaucoup. Ces mûres leur rendent la chair blanche et délicate; il est bon d'en mettre beaucoup dans les haies de clôture, ce qui même les épaissit et les rend impénétrables.

Une bonne fille de basse-cour doit être

très-vigilante, et ne jamais oublier de leur donner à manger le matin et le soir, au coucher et au lever du soleil, et toujours dans le même endroit ; elle doit toujours faire rentrer la volaille dans le poulailler, qu'elle ferme, et la faire sortir le matin, et la reconnaître de temps en temps dans le courant de la journée.

De la Ponte des Poules.

Les jeunes poules commencent à pondre dès le mois de février, quand il est doux, et donnent plus d'œufs que les vieilles, qu'il faut réserver pour couver.

Il faut avoir attention de lever les œufs à mesure que les poules pondent, pour les mettre séparément, par jour, et ne pas les confondre, et être en état par-là de les distinguer plus sûrement, pour en faire ensuite l'usage que l'on veut.

On doit se défaire des poules qui sont trop vieilles, pour pondre ou couver, ainsi que de celles qui cassent et mangent leurs œufs.

De la Couvée des Poules.

Lorsque les poules, après leur ponte, qui est ordinairement de dix-huit à vingt œufs, qu'elles pondent de suite, commencent à glousser *, on doit leur préparer un nid pour les y mettre ; il doit être dans un lieu retiré, au midi, creux dans le fond et garni de foin.

On ne doit pas mettre couver les poules qu'elles n'aient deux ans et demi; elles peuvent alors couver aisément jusqu'à cinq et même six ans. En prenant ces précautions, c'est-à-dire en mettant sous une poule de deux ans et demi à trois ans des œufs d'une jeune poule, qui ne s'est prêtée à aucun coq étranger, on entretient sa basse-cour d'une bonne race, qui se conserve toujours entière.

On ne doit pas mettre couver les poules qui sont farouches ou qui ont de grands ergots ; il faut choisir celles qu'on appelle franches, c'est-à-dire qui ne prennent pas facilement l'épouvante, et qui sont d'une complexion forte et bien éveillées.

Il faut proportionner le nombre d'œufs que l'on donne à couver, à la force des couveuses ; il faut encore avoir égard à la saison. Quand la couvée est avant le mois de mars, on donne douze œufs au plus à la poule; au mois de mars, qua-

* *Glousser*, cri de la poule.

torze ou quinze ; en avril et aux temps chauds, dix-sept ou dix-huit œufs au plus.

On doit bien choisir les œufs que l'on veut faire couver. Il faut prendre les plus gros, les plus frais qu'ils soient, et sains et bien pleins, et même faire attention qu'ils soient tous égaux en grosseur ; il faut marquer la partie supérieure de l'œuf avec quelque couleur, pour pouvoir remarquer si la couveuse a retourné tous ses œufs. En général, il faut faire attention à ce que les œufs que l'on met sous une poule n'aient pas plus de neuf à dix jours.

On essaie les œufs que l'on veut mettre à couver, en les plongeant dans de l'eau froide, pour ne donner à la poule que ceux qui demeurent au fond du vase ; il résulte encore un avantage de cet essai, c'est que cette même eau rafraîchit les œufs et les met tous au même degré ; de sorte que les poussins viennent tous ensemble.

Le printemps et l'été sont les meilleures saisons pour faire couver : plutôt on le fait en été, et plus on en tire d'avantage. Les premiers mois du printemps sont encore les plus favorables ; on peut mettre à couver depuis la dernière semaine de février, jusqu'à la première semaine d'octobre.

On doit bien se garder de remuer souvent les œufs, pendant le temps de la couvée; on peut seulement les tourner une fois ou deux pendant que la poule n'y est pas, afin qu'ils sèchent également partout; mais il vaut encore mieux remarquer les œufs que la poule aurait négligé de retourner. Il faut aussi bien remarquer les poules qui retournent bien leurs œufs, afin de leur donner la préférence pour d'autres couvées.

Il faut laisser les couveuses très-tranquilles, et leur mettre à boire et à manger auprès d'elles, pour qu'elles ne soient pas dans le cas de quitter long-temps leur nid, surtout vers la fin de la couvée, le moindre froid faisant périr les petits dans les coquilles.

Lorsque dans les derniers temps de la couvée la poule sort du nid pour manger, il faut avoir soin de remuer le foin, afin qu'au retour elle retrouve tout en ordre, et qu'elle s'accroupisse tout de suite sur les œufs.

On ne doit point négliger d'éloigner les coqs des couveuses, parce que lorsque les poules sont sorties du nid, ils viennent pour couver à leur place, ce qu'ils ne font jamais sans casser quelques œufs; ce qui fait alors que les poules dégoûtées abandonnent leur nid au moment où les petits sont prêts à éclore.

Il faut avoir soin tous les jours de lever les poules, qui, étant trop attachées à leur couvée, ne sortent qu'avec peine de leur nid, et de leur faire prendre l'air au moins une fois par jour, pour qu'elles se vident à leur aise; mais en même temps il faut prendre garde qu'elles ne restent pas trop long-temps hors de leur nid, pour que les œufs ne perdent pas de leur chaleur : il faut faire manger les couveuses deux fois par jour.

Lorsqu'une couveuse est impatiente, et qu'elle cherche à sortir de son nid, il ne faut lui donner qu'une nourriture fort ordinaire, lorsqu'on la fait sortir de son nid pour manger; et lorsqu'on la remet sur ses œufs, il faut lui présenter dans la main quelques grains de chenevis, ou de froment, ou de millet : par ce moyen, elle ira se remettre, au bout de quelques jours, d'elle-même sur le nid, dans l'espérance d'être mieux nourrie.

Si une poule mange ses œufs et les béquette, il faut faire durcir un œuf sous la braise, et tout aussitôt y faire plusieurs petits trous imperceptibles, et le présenter à la poule, aussitôt elle le béquette; mais elle se rebute, parce que cela la brûle : au bout de deux ou trois jours de suite du même essai, elle sera tout-à-fait corrigée de ce défaut.

Vers le dixième ou onzième jour de la couvée, il faut avoir l'attention de mirer les œufs pour voir s'ils ont pris; on remarque ceux qui paraissent avoir moins de vigueur que les autres pour, lorsque le temps de l'incubation approche, donner aux poussins, que les œufs contiennent, les secours nécessaires.

Le plus sûr moyen pour distinguer ces œufs, c'est de les mirer exactement l'un après l'autre; et voici comment on y procède. On prend un tamis, ou pour mieux encore, un tambour d'enfant dont la peau soit bien tendue; on le met au soleil, et l'on y expose les œufs l'un après l'autre; on remarque si, après qu'ils y ont resté environ une minute, l'ombre de l'œuf vacille : si l'embryon, qui en sentant cette vive chaleur s'agite, est bien vigoureux, il donnera de vives secousses, que l'on aperçoit au mouvement plus ou moins sensible de l'œuf. On placera alors sous la poule, le plus avantageusement pour qu'ils ne manquent point de chaleur, les œufs qui ont été les moins ébranlés, ce qu'on aura eu soin de bien remarquer en les marquant.

La couvée dure vingt-un jours; vers le dix-neuvième, il faut faire une visite exacte dans le nid pour donner les secours nécessaires aux poussins qui ne peuvent pas sortir de la coque, car il arrive quelquefois que ces petits animaux, ayant été privés de la chaleur continuelle de la poule, ou par le dérangement des œufs, ou parce qu'on a eu la négligence de ne les pas tourner, sont si faibles qu'ils ne peuvent pas franchir la coque; il faut alors, pour les empêcher de périr, lever peu à peu, dès qu'on entend le poussin piauler, quelques éclats de la coque, prenant bien garde de ne pas déchirer avec les ongles le poussin, qui, pour peu qu'il fût blessé, périrait tout de suite; il faut même, en visitant, avoir tout près du vin tiède, avec moitié d'eau et un peu de sucre, pour tremper son doigt dans le vase où est cette liqueur, et en mouiller un peu le bec du poussin, qui, en piaulant, en avale un peu et prend de nouvelles forces.

Il faut nourrir, avec modération, les poules, soit qu'elles couvent, soit qu'elles pondent, car trop de nourriture les engraisse trop; alors elles ne pondent ni ne couvent bien : trop peu de nourriture a les mêmes inconvéniens, parce qu'alors elles sont trop faibles.

Il faut varier le son de la pâtée du matin, suivant que les poules sont ou serrées ou relâchées, pour les tenir en chair. Toutes les farines de différens grains peuvent être employées dans ce mélange; il faut seulement les changer suivant les circonstances. Le sarrasin surtout doit être employé avec prudence, parce que ce grain est celui qui les engraisse le plus; l'usage du chenevis doit être également modéré.

Soin des Poulets.

Lorsque les poulets sont tous éclos, on les met au fond d'une futaille ou panier garni d'étoupes, l'espace d'un jour dans un lieu chaud, et on leur donne de temps en temps un peu d'air. Le lendemain on les met sous une espèce de casc exposée au soleil. On les nourrit pendant quinze jours, d'abord avec de l'orge bouillie, ou du millet cru, ou des feuilles de poireaux hachées menu, et de l'eau bien nette : on les fait sortir de temps en temps, pour les fortifier et les accoutumer à l'air, mais jamais par un mauvais temps. On peut en donner à mener à une seule poule jusqu'à vingt-cinq ou trente, et on remet les autres mères pour couver de nouveau.

Maladie des Volailles.

1° La pépie, c'est une maladie causée par une chaleur interne, et pendant laquelle elles ne veulent ni boire ni manger ; on doit lever doucement ce cartilage avec une aiguille, et leur laver la langue avec du vinaigre.

2° Les enfermer sous une mue pendant deux ou trois jours, et leur donner à boire de l'eau dans laquelle on met tremper de la graine de melon et de concombre.

Pour le flux de ventre, il faut leur donner à boire un peu de vin chaud, où l'on aura fait bouillir de la pelure de coing, et pour nourriture de l'orge.

Pour taies ou cataractes sur les yeux, causées par le grand froid, il faut leur donner de la poirée hachée bien menu, dans du son de seigle, et un peu de millet.

Pour la faim vorace, lorsqu'elles couvent et mangent leurs œufs, on peut, outre le moyen indiqué ci-dessus, leur donner un œuf dont on a ôté le blanc, et où l'on a détrempé du plâtre à la place, de manière que le tout soit dur comme une pierre.

Pour la vermine, il faut les frotter de beurre, ou les laver dans de l'eau où l'on aura fait bouillir du cumin.

Pour la gale, on les rafraîchit avec des betteraves et des choux hachés menu, et du son détrempé.

Pour la goutte, on leur graisse les pieds et les jambes de graisse de poule.

Pour l'abcès au croupion, on le fend avec un ciseau, et on les rafraîchit de même que pour la gale.

Pour le mal caduc, qui les fait devenir maigres et leur ôte l'appétit, il n'y a pas d'autre remède à ce mal, que de leur rogner les ongles des pieds et les arroser souvent avec du vin; les nourrir cinq ou six jours d'orge bouillie, et ensuite avec des betteraves et des choux hachés menu.

Pour la phthisie, qui les fait devenir étiques, il n'y point de remède quand elle est formée : on peut la prévenir en leur donnant de l'orge bouillie avec de la poirée.

Pour la mue, à laquelle les petits poulets sont sujets et perdent leurs plumes, on ne doit point les lever le matin ; il faut les exposer souvent au soleil, leur jeter avec la bouche du vin tiède sur leurs plumes.

Pour la rupture de jambe, il faut les mettre sous la mue, c'est-à-dire dans une chambre, avec bonne nourriture et bonne eau, sans y laisser aucun bâton pour se percher, et ne jamais leur empaqueter ni lier la jambe : le repos et la nature les les guérissent ; au reste, le froid cause aux poules beaucoup de maladies.

Pour avoir des Poulets en Hiver.

Il faut pour cela prendre une poule d'Inde après Noël. On la met dans un lieu bien chaud ; on lui donne vingt-cinq œufs à couver : dans dix-huit ou vingt jours les poussins éclosent. On les met chaudement dans un panier avec de la plume durant cinq ou six jours, et on les nourrit à l'ordinaire, tant qu'ils sont sous l'aile de la mère.

Pour engraisser les Poules.

Il faut choisir celles qui sont ergotées, celles qui chantent, qui grattent, qui appellent comme le coq. On leur arrache les grosses plumes, on les enferme dans un lieu séparé, et on les nourrit avec de la pâte d'orge, du millet, du son, des cosses de riz, pamèle et avoine, du blé de Turquie bouilli ; ensuite deux fois par jour des criblures de froment, mêlées d'un peu de seigle dans le commencement. Après les avoir tenues quelque temps à ce régime, on ne leur donne plus pour toute nourriture que des boulettes faites de toutes sortes de farines, et principalement d'orge et de sarrasin détrempé dans du lait.

Il faut remplir parfaitement le jabot, et ne leur renouveler cette nourriture que lorsqu'il est absolument vide ; elles engraissent aisément dans les mois de janvier et de février.

Temps de chaponner les Poulets.

On chaponne les poulets lorsqu'ils ont quitté la poule qui les mène : on laisse les plus hardis et les plus éveillés pour devenir coqs. Pour ceux qu'on veut chaponner, on leur fait une incision à la partie qui enveloppe les testicules; on les tire avec le doigt ; on coud la plaie, et on la frotte avec du beurre frais.

Des Poules d'Inde.

Ces animaux, quoique fort difficiles à élever, rendent cependant de grands profits.

Lorsque l'on veut peupler une basse-cour de ces animaux, il faut préférer les noirs, et choisir les mâles, ainsi que les femelles, bien gros et bien éveillés; d'autant mieux que les dindes à plumage noir ont une chair plus fine et plus délicate, qu'elles sont plus fécondes, et que les mâles de cette couleur sont plus vigoureux. Les pattes courtes et le corsage grand, marquent des poules d'Inde bien constituées et très-propres à multiplier, soit pour les mâles, soit pour les femelles. On ne doit pas les prendre trop jeunes.

On donne ordinairement un coq à six poules ; il est bon de le renouveler tous les ans.

Logement pour les Poules d'Inde.

Comme les intempéries de l'air prennent beaucoup sur la santé de ces animaux, et surtout sur celle des jeunes dindons, il faut leur donner une retraite bien close, qui les mette à couvert des froidures de la nuit, et des pluies et du vent pendant le jour.

Il ne faut jamais loger les dindons dans le même poulailler des poules ; les barres de traverse qui servent de juchoir aux poules ordinaires ne pouvant supporter les dindons, il leur faut nécessairement des barres du double et même du triple d'épaisseur. De plus, il faut faire des marches, par lesquelles ils puissent monter pour aller se percher : la porte ordinaire par laquelle on entre, est suffisante pour faire entrer et sortir les dindons. On a seulement soin de pratiquer deux petites croisées, fermées avec des barres de fer, et garnies de fil d'archal. Le bas du poulailler doit être pavé et couvert d'une litière, qu'on renouvelle au moins de quinze en quinze jours.

De la ponte des Poules d'Inde.

Pour exciter les poules d'Inde à souffrir le coq et à pondre, on leur donnera quelque nourriture qui les échauffe, soit de l'avoine, soit du chenevis.

Les poules d'Inde ne sont pas aussi fécondes en œufs que les poules communes; elles pondent deux et au plus trois fois dans le courant de l'année; elles ne font ordinairement que dix à douze œuf à chaque ponte. La première commence ordinairement, dans les pays méridionaux, vers la mi-février, et la dernière au mois d'août.

Comme les poules d'Inde aiment à pondre çà et là, il faut bien chercher où elles déposent leurs œufs, pour qu'ils ne se perdent pas, ou qu'ils ne soient pas mangés par les animaux, et surtout par les pies, qui les aiment beaucoup.

A mesure que l'on ramasse, de deux jours l'un, les œufs, il faut avoir soin de mettre sur chacun le temps de la ponte, et distinguer, si l'on peut, séparément les œufs de chaque poule, afin qu'on puisse faire couver à chacune les œufs qu'elle a pondus ; car ils reussissent beaucoup mieux.

Quand les pontes sont finies, on doit toujours construire pour les couveuses des nids, dans des lieux éloignés des mâles, bas et frais, loin de tout bruit, et mettre au fond du nid de la bruyère, et par-dessus un peu de paille ; ne leur donner que quinze à seize œufs à couver : on peut aller jusqu'à vingt ; mais le plus sûr est de n'en mettre que quinze.

Quoique les poules d'Inde, de la même année, couvent bien, cependant celles de deux ans valent mieux ; elles font leur ponte de meilleure heure, couvent plus tôt, et conduisent mieux leurs petits.

L'incubation dure au moins trente jours ; ainsi, quand on veut faire venir des poulets et des dindons de la même couvée, il faut mettre sous la couveuse les œufs des poules ordinaires dix jours plus tard que les œufs de dinde, afin que les uns et les autres éclosent en même temps.

Pour les exciter à couver, on leur sacrifie quelques mauvais œufs de poule, et lorsqu'on voit qu'elles s'y attachent, on leur confie les leurs propres. Il faut même es éprouver en les mettant dans l'eau tiède; ceux qui vont au fond du vase sont les meilleurs : il faut toujours faire couver les plus nouveaux.

On ne doit pas oublier, pendant la couvée de faire manger, boire et vider tous les jours les couveuses, en les ôtant pour cela doucement de dessus leurs œufs. Il faut visiter souvent la poule, et l'accoutumer à souffrir qu'on l'ôte de dessus ses œufs pour les retourner, et ne pas y toucher dès que le poulet commence à faire son trou; mais si on l'entend piauler, on lui aide à percer sa coque avec une épingle, mais petit à petit, et on casse légèrement, avec la pointe d'un couteau, ceux qui sont long-temps à éclore, si on y entend piauler le poulet, mais on ne l'ouvre que bien peu.

De la manière dont on doit gouverner les Dindons.

Dès que les petits sont éclos, il faut que le poulailler, où on les tient renfermés dans les premiers temps, soit obscur et chaud; et pour cela en couvrir le sol d'un demi-pied de fumier de cheval, mais bien sec et menu : il faut qu'il soit à l'abri des vents du nord.

Il faut, pendant les deux ou trois premiers jours, leur insinuer, dans le bec, un peu de vin et d'eau, et leur présenter du pain émietté également dans du vin et de l'eau, et les mettre promener sur le fumier, en prenant bien garde, en les maniant, de les presser trop violemment : en général, il ne faut les toucher que quand on ne peut s'en dispenser; il faut les remettre sous la mère au moindre mouvement qu'elle fait. Il ne faut jamais leur laisser manquer de nourriture, ni de boisson. Jamais les jeunes dindons ne mangent mieux que lorsqu'on la leur présente à la main. On juge que ces animaux ont besoin de manger, lorsqu'on les entend piauler.

Le quatrième jour, on fait bouillir dans l'eau des feuilles d'orties blanches hachées bien menu, dont on aura eu soin d'ôter les côtes on y mêle un peu de fenouil haché de même, mais qu'on ne fait pas bouillir; on leur donne aussi les mauvais œufs que l'on aura trouvés gâtés, tant des dindes que des poules communes, après les avoir fait cuire et durcir, sans en ôter la coque, et un tiers de farine de blé de Turquie; on fait du tout une pâte, dont on donne à manger aux petits poulets d'Inde, et qu'on leur présente à la main, en les appelant : cela les rend familiers. Quinze jours après, et lorsqu'ils ont acquis un peu de force, on mêle, dans leur mangeaille, de la graine d'ortie ; elle leur fait grand bien, et on y mêle de la poirée hachée, si cette graine les échauffait trop, ce qu'on reconnaît à la sécheresse de leur fiente ; mais il faut toujours avoir l'attention de tremper de temps en temps leur bec dans du vin, pour leur donner de la vigueur ; on peut leur donner aussi de temps en temps des laitues bouillies et hachées bien menu, que l'on mêle avec du pain bien finement émietté, et du caillé ou du fromage mou ; on aiguise quelquefois leur appétit en leur donnant de la soupe au vin ou au lait.

On a déjà dit combien les jeunes poulets d'Inde sont sensibles au froid ; ainsi, si l'on veut les conserver, l'on ne peut trop les défendre du vent froid, de la pluie, de la boue ; et s'ils avaient été surpris de quelques-uns de ces accidens, on doit les réchauffer avec soin dans des linges chauds, et leur donner quelques gouttes de vin ; ainsi, on ne doit les exposer à l'air que par un beau temps, et enfermer la mère sous une mue d'osier un peu soulevée, afin que les petits puissent aller et venir dessous. Il faut mettre leur mangeaille dans des petits plats de terre à côté de la mère, afin qu'ils ne s'éloignent pas beaucoup. On les tient à l'ombre, pendant deux mois, dans un lieu net et propre, avec de bonne eau.

Lorsque les poulets d'Inde ont deux mois, on peut les mener dans les champs, pendant trois ou quatre heures, lorsqu'il fait très-beau : ils y ramassent de petits vermisseaux et d'autres insectes. On leur donne alors pour nourriture du froment, auquel on mêle un peu de blé de Turquie ; on y mêle aussi d'une herbe appelée maroute, et que les médecins appellent camomille puante, parce qu'elle l'est en effet; elle est excellente pour les petits poulets d'Inde, ainsi que l'herbe aux teigneux. C'est une espèce de chardon qui s'attache aux habits des passans : on la trouve le long des villages et des maisons.

Lorsque les poulets d'Inde sont dans leur force, c'est-à-dire gros comme un moyen chapon, leur nourriture devient beaucoup plus facile et moins dispendieuse. On fait bouillir des laitues et beaucoup d'orties avec du son, de quelques grains que ce soit; on les hache bien fin; on en fait de grosses boules qu'on leur présente à la main. On les nourrit aussi avec des herbes communes, telles que de la poirée, des feuilles de choux, et de toutes sortes de fruits; on hache le tout bien menu, sans le faire cuire, et on y mêle du son avec de l'eau. Lorsqu'ils ont fini leur repas, on les abandonne à la vigilance de la mère, qui les promène çà et là pour apprendre à chercher leur vie: bien entendu toutefois que s'ils sortent de la cour, on leur donne un gardien pour les ramener le soir.

Si on a mis plusieurs dindes à couver, on prend les dindonneaux de trois mères, et on les donne à conduire à une seule; on remet au coq les autres, afin qu'elles pondent et couvent de nouveau.

Il faut avoir attention de ne les laisser jamais manquer d'eau fraîche et nette, surtout dans les chaleurs, sans quoi ils seraient malades de la pépie.

Dès que les dindons ont atteint l'âge de se passer de mère, on les envoie aux champs, sous la garde d'une petite fille ou d'un garçon, qui les fait sortir le matin, les ramène vers les dix ou onze heures, pour les conduire encore, après midi, dans la campagne, jusqu'au soir, temps auquel on leur donne quelques grains pour les accoutumer à se retirer sans s'écarter.

On peut aussi mener paître les dindons dans les prés nouvellement fauchés; et pour leur faire acquérir une graisse bien délicate, on peut les mettre, après qu'on aura vendangé, dans des vignobles, où ils profitent avec avidité des grappes qui ont été laissées.

Comme il n'y a point de nourriture dont les dindons soient aussi friands, et qui leur donne une chair si délicate que les mûres, et celles qui viennent sur les ronces, il faut que leur conducteur les fasse toujours passer, en les ramenant le soir, le long des haies, et batte avec sa gaule les ronces pour en faire tomber le fruit, afin que ces animaux s'en repaissent.

Lorsqu'on est proche des bois, on doit y mener souvent les dindons; ils s'y plaisent beaucoup, parce qu'ils y trouvent une infinité de vermisseaux et d'insectes, qu'ils mangent avec plaisir; et leur chair acquiert une qualité d'un goût bien meilleur que ceux qu'on n'y mène point; mais il faut que celui qui les garde veille à ce qu'ils ne s'écartent point pour ne pas devenir la proie de quelques animaux carnassiers : il est bon d'avoir quelque chien qui fasse la garde autour d'eux.

Il faut, lorsqu'on a un troupeau de dindons assez considérable, avoir un dindonnier robuste pour résister aux injures de l'air, alerte, matinal et vigilant, pour qu'aucune de ses dindes ne s'égare. Il doit être fidèle et exact à vérifier son nombre tous les matins, et voir s'il n'y en a pas quelqu'un de boiteux où malade, afin d'y remédier.

Le dindonnier doit faire sortir son troupeau aussitôt que le soleil est levé, ne l'abandonner jamais, et avoir soin de le conduire, tantôt d'un côté, tantôt d'un autre, afin que la diversité du pâturage réveille leur appétit, et les fasse croître promptement. Il les ramenera sur les dix heures, et les renfermera jusqu'à midi, qu'il les conduira au pâturage, en les faisant rentrer le soir dans leur poulailler ; il leur jettera avant un peu de grain. Dans la moisson, il ne leur donnera rien. Quand les mauvais temps empêchent qu'ils n'aillent aux champs, on doit leur donner, dans la basse-cour, des herbes, ou des fruits hachés avec du son.

Des Maladies des Poules d'Inde.

Les maladies des poules d'Inde sont à peu près les mêmes que celles des autres espèces de volailles ; ainsi, les remèdes prescrits pour les poules communes, doivent être les mêmes pour les dindons. Ils peuvent également servir aux oies, aux canards, aux paons, etc. Il faut mettre à part les malades. La moindre fraîcheur que les dindons sentent aux pieds, surtout quand ils sont jeunes, leur donne la goutte, qui les fait périr infailliblement, si l'on n'a point l'attention, lorsqu'ils en sont attaqués, de leur laver fréquemment les pieds et les jambes avec du vin chaud, et de les tenir chaudement dans une chambre où l'on jette de la paille, et même un peu de foin.

Il faut avoir soin de leur percer, avec une épingle, les petites vessies qui se forment sous la langue et sous le croupion, et de temps en temps, même de trois jours l'un, leur donner à boire, ou leur laver la tête avec de l'eau dans laquelle on aura mis de la rouille de fer, ou de mâcheter : cela prévient, ou guérit la fièvre et les ourses, qui sont deux maladies auxquelles ils sont sujets.

Aussitôt que l'on s'aperçoit que les dindons ne mangent point, il faut prendre du poivre en grain, blanc ou noir, et en faire avaler un grain à chacun.

Manière d'engraisser les Dindons.

On les engraisse en les mettant sous des mues, et en leur donnant trois fois le jour d'une pâte faite avec des orties, du son et des œufs durs, et mise en divers morceaux, gros comme de petites noix. Il y a des provinces où l'on chaponne les coqs d'Inde pour les engraisser.

On a vu combien les dindons sont voraces et difficiles à nourrir, tant qu'ils sont jeunes : il y a plus de profit à en élever un assez bon nombre, parce qu'on les fait paître aux champs, où ils se nourrissent d'herbes, de vers, d'orties et de fruits. Si on pouvait avoir un verger qu'on laissât en herbe, où l'on les mettrait, ce serait un plus grand ménage que de les nourrir dans une basse-cour, où ils consomment beaucoup de grain, et font beaucoup de dégât.

Autant les jeunes Dindons sont susceptibles des intempéries de l'air, autant ils les bravent, lorsqu'ils sont grands, puisqu'ils se plaisent par préférence, à coucher à la belle étoile, sur les arbres : les rosées et les fraîcheurs de la nuit ne portent alors aucun préjudice à leur santé.

Des Canards.

Quand même on n'aurait ni rivière ni ruisseau, près de sa maison, on peut toujours élever des canards : les plus gros sont les meilleurs. On donne à chaque canard huit ou dix canes. Les mâles sont plus gros que les femelles : ils ont toujours quelques plumes au-dessus du croupion qui se retroussent en rond. La femelle est grise, et n'a pas des couleurs si vives, ni si belles que le mâle.

On doit les élever comme les autres volailles; il faut leur donner à manger comme aux poules, matin et soir, et toujours aux mêmes lieux et heures, afin qu'ils s'y trouvent et ne s'égarent point.

Il ne faut, pour bien engraisser les canards, que les bien nourrir; encore est-ce la volaille de la basse-cour, pour la nourriture de laquelle on prend le moins de précaution. Ils aiment fort le pain, l'orge, et tout ce qui approche du charnage; car ils sont très-carnassiers et très-voraces.

Les canes pondent de suite depuis le mois de mars jusqu'à la fin de mai, si elles sont bien nourries.

On doit faire en sorte de ne point les laisser sortir du toit, qu'elles n'aient fini leur ponte, étant fort en danger de les égarer si l'on n'y prend garde.

Elles ont coutume de couver sur la fin du mois de mai; et celles qui viennent des premières couvées, sont toujours les meilleures.

Une cane ne couve que six œufs : les canetons sont trente-un jours à éclore. On a pour eux les mêmes soins que pour les poussins : on leur donne de l'orge, du gland, des herbes hachées menu, et des petits poissons, lorsque l'on peut en avoir. On doit avoir attention de ne les laisser sortir qu'au bout de huit ou dix jours, afin qu'ils soient plus forts; encore ne les laisse-t-on pas aller tout d'un coup avec les vieux canards, qui les battraient.

Lorsque l'on fait couver des œufs de cane par des poules communes, elles en couvent alors jusqu'à douze ou treize.

Des Oies.

On élève les oies dans les basses-cours,

comme les poules : elles vivent d'herbes et de grain. Ces animaux sont fort voraces : pour appaiser leur grosse faim, on leur donne des feuilles de chicorée, de laitue, et des légumes hachés. Ils s'accommodent fort bien de toutes sortes de légumes détrempés avec du son dans de l'eau tiède ; les orties et les ronces ne leur valent rien. On les conduit au pâturage avec les dindes. On les laisse barbotter dans l'eau, tant qu'il leur plaît.

On doit les éloigner des vignes, des jardins, des blés, et des lieux où il y a de jeunes arbres, car elles feroient beaucoup de dégâts ; d'ailleurs leur fiente gâte les prés et brûle la terre : on n'en doit point trop avoir.

Pour empêcher les oies de passer dans les blés, dans les haies, et d'entrer dans les jardins, on leur passe une plume à travers les ouvertures qu'elles ont à la partie supérieure du bec.

Il faut toujours leur donner à manger près de leur toit, et à la même heure, pour les empêcher de s'écarter.

Pour avoir une bonne race d'oies, il faut les choisir de la grande taille, et d'un œil fort gai. Un Jars, qui est le mâle d'une oie, suffit à cinq ou six femelles.

Ces animaux pondent sous des toits, et

il faut faire ensorte de les y accoutumer : on a soin de ramasser leurs œufs ; elles en donnent plus qu'aucune autre volaille. L'économie est de les laisser toujours pondre et rarement couver. On doit mettre la mangeaille près de leur nid.

On les fait couver comme ceux des dindes, et on place leur nid dans des endroits qui ne sont point humides. Si l'on veut avoir beaucoup d'oisons, on peut se servir de poules communes, pour leur faire couver des œufs d'oies jusqu'à huit; ou par des dindes, qui en embrassent jusqu'à onze. En général, on n'en doit point trop avoir.

Les oies font trois pontes par an, et vivent vingt-cinq à vingt-six ans. Elles apportent du profit, par leurs plumes, leur chair et leur graisse.

On les plume deux fois par an, c'est-à-dire, qu'on leur ôte le duvet sous le ventre, le cou et le dessous des ailes, quand il commence à tomber de lui-même : les grosses plumes des ailes servent pour écrire. On sale leur chair.

Il faut mettre sous le toit des oies, des séparations, comme aux moutons, pour empêcher que les vieilles ne battent les jeunes. Il faut tenir le lieu sec, et leur donner souvent de la paille hachée, nette et déliée.

Le vrai temps pour les engraisser, est lorsqu'il fait bien froid, c'est-à-dire, aux mois de décembre et de janvier : on doit alors les enfermer sous le toit, leur ayant fait manger avant beaucoup d'herbes, de mauvais pain, du grain de rebut, du son pour les mettre en chair; c'est alors qu'elles prennent facilement graisse en quinze jours, en les nourrissant avec une pâte de farine d'orge, ou de blé de Turquie, ou d'avoine.

Quand on n'a qu'une petite quantité d'oies à engraisser, on les met dans une barrique, à laquelle on a fait des trous, dans lesquels elles passent leur tête, pour chercher leur nourriture, qu'on met dehors. Une oie commune, bien grasse, peut donner jusqu'à sept livres de graisse.

Soin des Vaches.

On appelle ces animaux genisses, jusqu'à deux ans; mais quand elles ont une fois vêlé, on les appelle vaches. Les meilleures vaches, dans la petite espèce, sont les noires, qui ont les cornes petites et le pis pas trop gras. Les marques qui caractérisent une vache féconde, dans la grande espèce, et dont on doit attendre beaucoup de lait, sont celles-ci : elles doivent avoir la tête effilée, le col délicat, les épaules larges, les jambes courtes, la peau mince et de couleur rougeâtre.

On doit prendre les vaches dans trente lieues à la ronde du pays auquel on les destine. Il faut proportionner le nombre de bestiaux à la quantité de pâturage que l'on a.

On ne doit pas faire saillir les vaches, qu'elles n'aient au moins deux ans et demi : on attend pour cela qu'elles soient en amour ; ce qu'on connaît lorsqu'elles ne font que sauter et meugler sur tout ce qui se présente.

Les vaches portent neuf mois, et cela tous les ans, jusqu'à dix ans. Il faut les nourrir plus qu'à l'ordinaire, un mois avant qu'elles vêlent ; leur donner en hiver du son détrempé dans de l'eau, ou de la luzerne, ou du sain-foin, et en été un peu plus d'herbes ; cesser de les traîner six semaines avant qu'elles ne vêlent.

Lorsqu'elles sont prêtes à vêler, il faut leur faire faire une bonne litière, et veiller, au moment que la vache veut se délivrer, et lui donner les secours nécessaires.

Dès que le veau est né, on lui jette sur le corps une poignée de sel et de miettes de pain, afin que la vache le lèche et le nettoie. On a soin de jeter l'arière-faix : on doit donner à la vache quelque breuvage pour la fortifier. Pour cela, on fait bouillir une pinte de suie de bois, dissoute dans deux quarts de bière douce, faite sans houblon : ajoutez-y une demi-livre de beurre frais : laissez un peu refroidir cette mixtion, et faites-la avaler à la vache avec une corne. On peut en donner une autre dose trois jours après, si la première n'a pas fait assez d'effet. On peut encore se servir de la suie qui se trouve à l'entrée d'un four, en en ramassant avec un balai la valeur d'une chopine; il faut la mettre bouillir dans trois pintes de la bière indiquée ci-dessus, et y ajouter un quarteron de beurre fais : lorsque la mixtion est refroide, y ajouter une petite quantité de fleur de soufre. Ce dernier médicament a un effet plus prompt. D'autres se contentent de donner à la vache une bonne mesure de son détrempé dans de l'eau chaude, dans laquelle ils mettent des balles de blé bien criblé; ce qu'on reitère soir et matin pendant huit jours. Avec de bon fourrage et de temps en temps un peu d'avoine; si c'est en été, on lui donne de l'herbe fraîchement coupée. On doit faire avaler au jeune veau un jaune d'œuf cru, et ne le jamais manier que le moin qu'on peut; le laisser cinq ou six jours auprès de sa mère, afin qu'il tette tant qu'il veut. Après ce temps, on l'attache à l'écart, et on le fait teter à certaines heures. Huit ou dix jours après, on mène paître la vache, et on retient le veau à l'étable; mais on le fait teter deux fois avant. Les veaux doivent teter pendant deux ou trois mois. Si la vache n'a pas assez de lait pour recevoir son veau, on lui donne du lait de vache bouilli, et quelques pelotes de pâte de farine, avec du seigle.

Il est avantageux que les vaches conçoivent dans un temps plutôt que dans un autre, pour pouvoir profiter des pâturages, et avoir plutôt du beurre. Mais si l'on veut qu'une vache conçoive au temps que l'on desire, on doit lui faire avaler une quarte de bière des plus fortes, et la conduire au taureau une heure après. Au lieu de bière, ont peut lui donner une chopine ou deux d'eau-de-vie, selon la force de la liqueur.

Pour guérir l'enflure des vaches, on doit fricasser du lard et de la bouse de vaches qui se sont nourries d'herbes, et non de foin et de paille, et appliquer cet onguent tout chaud, en forme de cataplasme.

Nourriture des Vaches.

On nourrit les vaches, en hiver, avec différens fourrages, tels que la paille de méteil ou d'avoine, du foin, du sainfoin, de la luzerne; le tout bien sec : les grosses raves et les navets les engraissent. Avant de leur en donner, on les lave, on les coupe pur morceaux, et on les fait à demi cuire : on peut leur donner encore de la lande, des pois, des fèves, des lupins.

On dcit faire boire les vaches deux fois le jour, et en tout temps l'eau doit être nette et dégourdie. Il faut les traire en été deux fois le jour, et en hiver une, puis les mener paître; mais point dans le temps de la grande chaleur. En hiver, on ne les mène que depuis dix heures jusqu'à trois.

Lorsque les vaches sont malades pour

avoir mangé avec excès de l'herbe nouvelle, on doit leur faire avaler plein un œuf de goudron, avant de les envoyer au pâturage. Ce remède les garantit des premières impressions que fait sur elles cet aliment, par sa fraîcheur : on doit même les garder à vue, pour les empêcher d'en manger outre mesure, ce à quoi elles sont sujettes.

Soin des Cochons.

Quoique les cochons soient naturellement fort gourmands et fort sales, et se plaisent dans la boue, ils ont cependant besoin d'être tenus proprement; ainsi, il faut nettoyer de temps en temps leur petite étable, et leur tenir de la paille fraîche, et une bonne litière. Cette propreté contribue beaucoup à les faire devenir gras et forts. Les cochons s'accommodent de tout pour leur nourriture; cependant, le gland est celle qu'ils aiment le mieux, ainsi que les faînes et les chataignes : on doit faire provision de ces fruits pour l'hiver. On les nourrit aussi des fruits que les vents ont abattus, de ceux qui sont pourris, de choux, de raves, de navets et autres légumes; de lavure d'écuelles, de son dans un peu d'eau tiède : en leur donnant un peu de grain, ils en sont meilleurs. On doit avoir un grand soin de les faire boire, car la soif les amaigrit.

On engraisse les cochons en leur donnant des choux bouillis, ou des raves où l'on a mêlé du petit-lait. Quand on veut finir de les engraisser tout-à-fait, on ne les laisse point sortir de leur toît, ou on leur donne soir et matin de l'eau, où l'on a fait bouillir un peu de son épais, ou du petit-lait: lorsqu'il est refroidi, on y mêle un picotin d'orge bouilli : huit jours après, du son bouilli bien épais. Les cochons, ainsi nourris, deviennent très-gros et très-gras au bout de deux mois, surtout en les tenant proprement.

Les cochonss ont sujets à des maladies :

1° La ladrerie ou lèpre, ce que l'on connaît à leur air lourd et pesant; leur langue et leur gorge sont chargées de petites pustules; la racine des soies est sanglante.

Remède. Il faut les séparer des autres, et donner au cochon malade de bonne paille fraîche, les saigner sous la queue; les baigner souvent en eau claire, et les nourrir avec du son, mêlé avec du marc de vin.

Autre remède. Lorsque les petites pustules noirâtres de ladrerie sont bien formées sur la langue du cochon, ou que cette maladie se manifeste par l'enrouement de l'animal, pulvérisez de l'antimoine cru; mêlez-le avec un peu de farine d'orge : répandez-en sur la langue du cochon, et réitérez plusieurs fois la semaine : ce remède est encore fort bon pour les chancres et boutons qui viennent aux bêtes à cornes.

2° Le catarrhe ou enflure des glandes du cou.

Remède. Saignez sous la langue le cochon attaqué de cette maladie; frottez le mal avec de la farine de froment, mêlée de sel; frottez-le rudement à contre-poil avec de l'eau de lessive, et le baignez en eau claire.

(On trouvera peut-être trop abrégé un article aussi important de l'économie rurale. Dans ce cas, on pourrait avoir recours au tome IV de la *Feuille du Cultivateur*, qui renferme, sur cette matière, une Instruction très-détaillée du citoyen *Parmentier*, laquelle est complète sous tous les rapports.)

FIN.

TABLE DES MATIÈRES.

Page.

FIN DE LA TABLE.